TRAITÉ ÉLÉMENTAIRE

DE GÉOLOGIE;

PAR

M. ROZET,

CAPITAINE AU CORPS ROYAL D'ÉTAT-MAJOR, PROFESSEUR DE GÉOLOGIE A L'ATHÉNÉE ROYAL ET VICE-SECRÉTAIRE DE LA SOCIÉTÉ GÉOLOGIQUE DE FRANCE.

ATLAS.

PARIS,

ARTHUS BERTRAND, LIBRAIRE-ÉDITEUR,

Libraire de la Société de géographie,

RUE HAUTEFEUILLE, N° 23.

IMPRIMERIE DE MADAME HUZARD (NÉE VALLAT LA CHAPELLE), RUE DE L'ÉPERON, N° 7.

TRAITÉ ÉLÉMENTAIRE

DE GÉOLOGIE;

PAR

M. ROZET,

CAPITAINE AU CORPS ROYAL D'ÉTAT-MAJOR, PROFESSEUR DE GÉOLOGIE A L'ATHÉNÉE ROYAL ET VICE-SECRÉTAIRE DE LA SOCIÉTÉ GÉOLOGIQUE DE FRANCE.

ATLAS.

PARIS,

ARTHUS BERTRAND, LIBRAIRE-ÉDITEUR,
Libraire de la Société de géographie,
RUE HAUTEFEUILLE, N° 23.

MDCCCXXXV.

TABLE DES PLANCHES

CONTENUES

DANS CET ATLAS.

1. Principes des montagnes, de la stratification des roches et coupes des brèches osseuses et des minerais de fer pisiformes.

2. Structure intérieure de la terre, coupes des Alpes, des Pyrénées, des montagnes de Hongrie, etc.

3. Coupes géognostiques de l'Angleterre, des environs de Stuttgard et de ceux de Bassano.

4. Cartes et profils géognostiques du bassin du Bas-Boulonnais, coloriée.

5. Coquilles fossiles univalves.

6. Coquilles fossiles univalves.

7. Coquilles fossiles bivalves.

8. Coquilles fossiles bivalves, échinistes, crustacés, zoophytes; dents de poisson, d'éléphant, de rhinocéros, de mastodonte et de palaéotherium.

9. Carte géognostique du pays parcouru, en Afrique, par l'armée française, après la prise d'Alger, coloriée.

10. Coupes géognostiques du Petit-Atlas et des environs d'Alger, coloriée.

11. Cartes et coupes géognostiques des environs d'Oran, coloriée.

12. Coupes et cartes géognostiques du Salzbourg, par M. Boué.

13. Coupes géognostiques des Vosges.

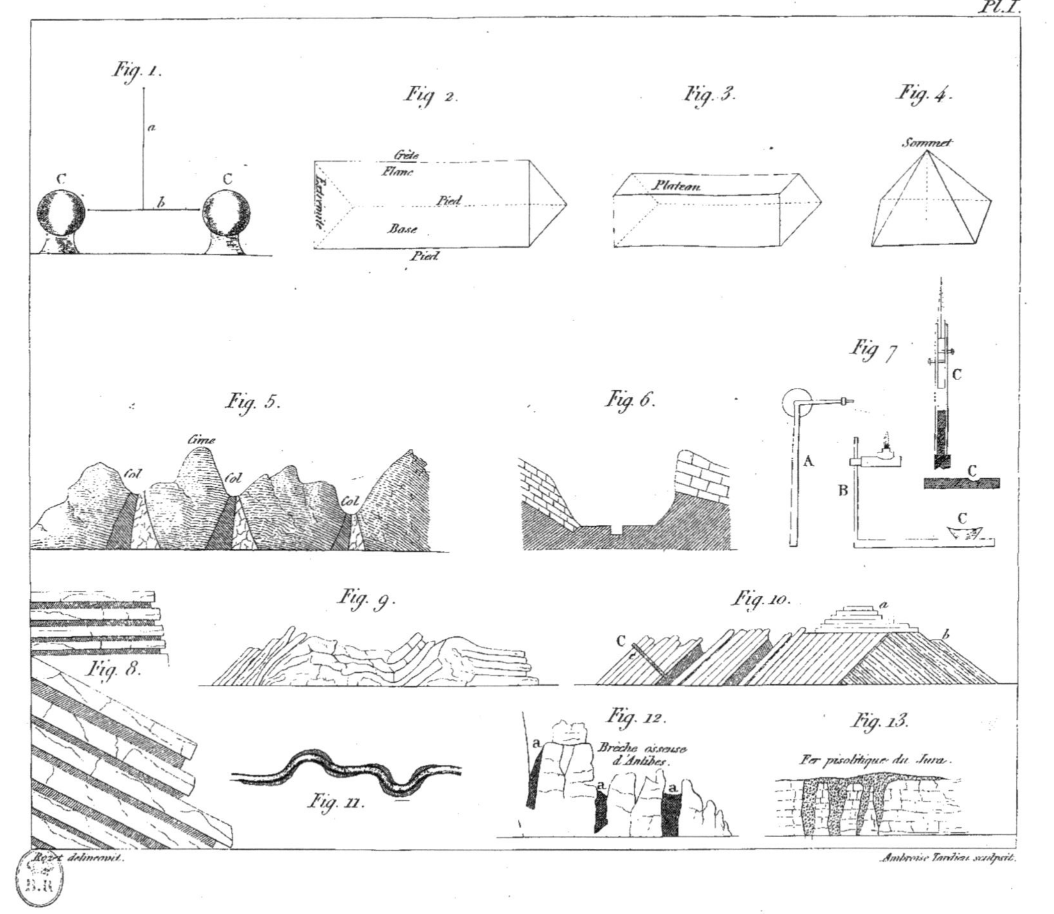

Rozet delineavit.

Ambroise Tardieu sculpsit.

Fig. 1.

SECONDE SÉRIE — PREMIÈRE SÉRIE

Terrain Plutonique		6ᵉ Époque	5ᵉ Époque		4ᵉ Époque		
		T. Primitif	T. Schisteux	Terrain Carbonifère	Terrain Vosgien	Terrain Jurassique	Terr...

Fig. 2.

Coupe Théorique du Terrain Parisien,
par M. C. Prévost.

Terre Végétale
Meulières Coquillières
id. Sans coquilles
Grès avec ou Sans Coquilles
Sables jaunes ou blancs
Sables Micacés
Huîtres
Calcaire Compacte
Calcaire Siliceux
Célestine
Marnes Feuilletées
Marnes blanches à Palmiers
Marnes bleues à Lignites
1ʳᵉ Masse aux Osseméns
Hauts Piliers
Marnes à détacher
2ᵉ Masse de Gypse
Marnes Marines
3ᵉ Masse de Gypse
Calcaire Siliceux
Attérissement ancien
Craie

Meulières et calcaire Lacustres
Sables et Grès Marins Supᵉˢ
Marnes du Gypse
Gypse
Calcaire grossier, etc.
Glauconie
Argile-plastique

Fig. 3.

Coupe des Alpes entre Glaris et Chiavenna,
par M. L. de Buch (en 1803.)

Plozerberg
Sagnitzpan
S. Giacomo
Eolz
Danz
Elm
Glaris
Granite et Gneiss en bancs épais
Micaschistes avec lits de Dolomie
Micaschite
Phyllade primitif sans calᵉ
Schistes de Transition avec calᵉ grenu
Psammites Schistoïdes
Schistes alluvᵃᵘˣ avec poissons

Fig. 6.

Coupe transversale des Pyrénées, par M. de Charpentier.

A. Granite
B. Micaschite
D. Terrain de Transition
E. Grès Rouge
F. Calᵉ Secondaires
G. Roches d'Ophite

Basaltes et Trachytes de la Hongrie, par M. Beudant.

Fig. 7.

Basalte
Tuf Basaltique
Basalte
Terrain Tertiaire

Fig. 8.

Basalte
Trachyte
Conglomérats Trachytiques
inconnu

Fig. 9.

Basalte
Schemnitz
Trachyte micacé

Âge relatif des terrains en Auvergne par M. ...
Terre Végétale
Alluvions mᵉˢ. Arènes
Travertins (Tufs calcaires)
Galets
Basaltes modernes
Tufs Volcaniques
Basaltes
Galets
Trachytes. Roches
Galets
Terrain Tertiaire

Pl. II.

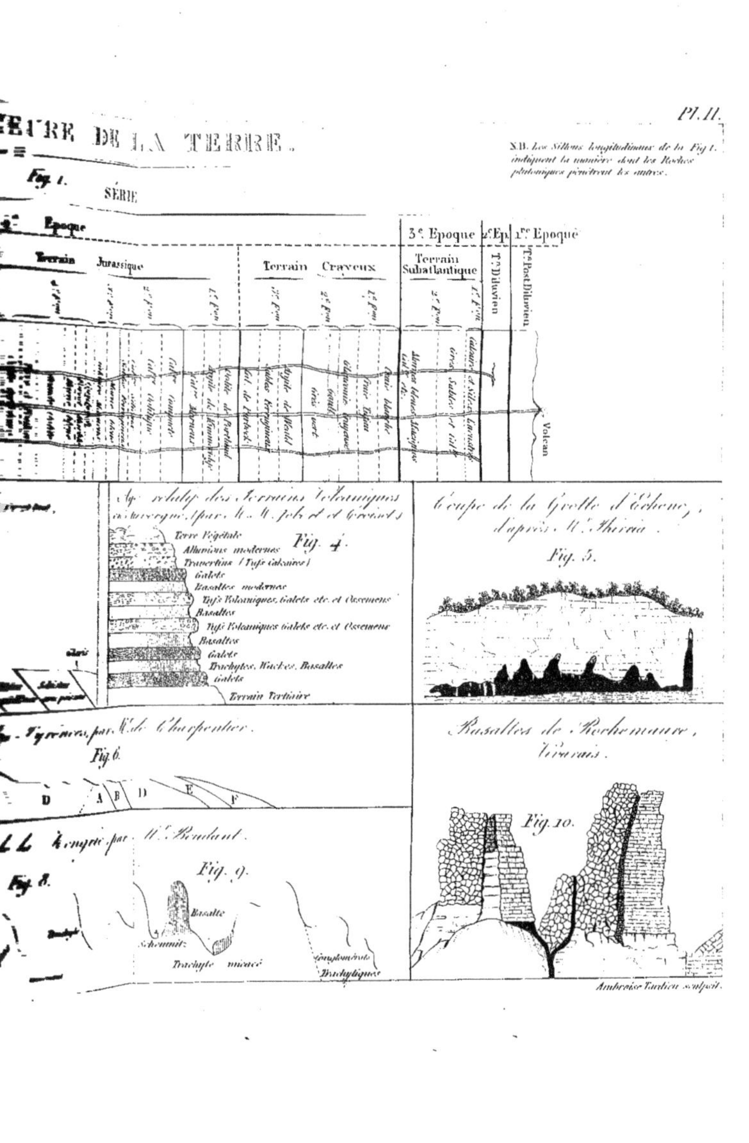

Portion d'une coupe faite depuis la pointe du Cornwall jusqu'à la mer d'Allemagne.

Fig. 1.

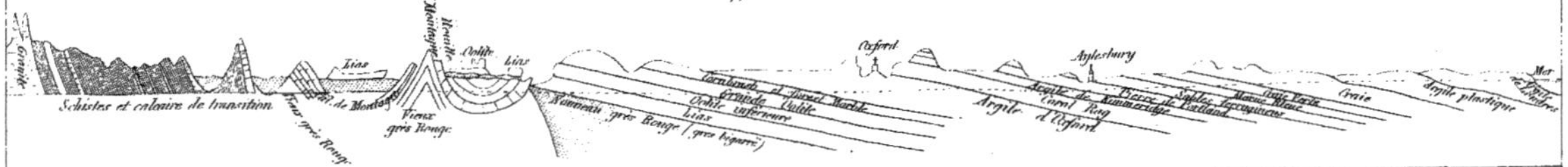

Coupe depuis la mer d'Irlande dans le Cumberland jusqu'à la mer du nord dans le Durham.

Fig. 2.

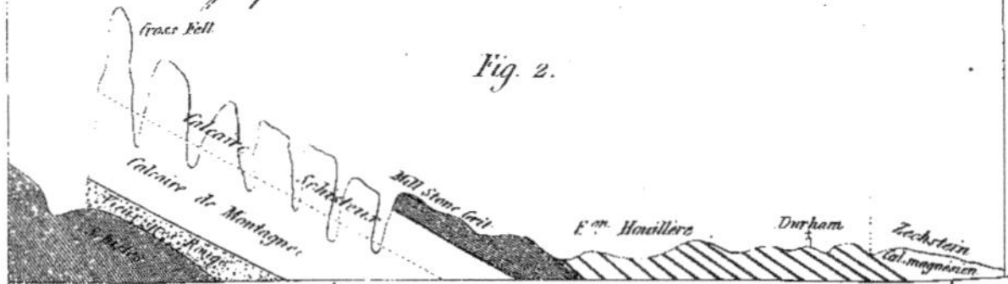

Coupe faite dans la partie N. O. du Sussex par M. Murchison.

Fig. 3.

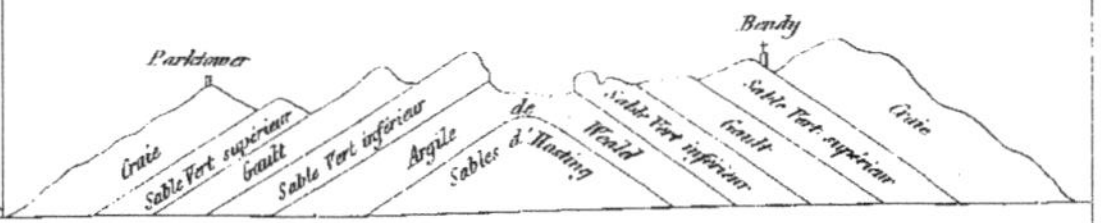

Coupe prise a Seloutz en Moravie.

Fig. 4.

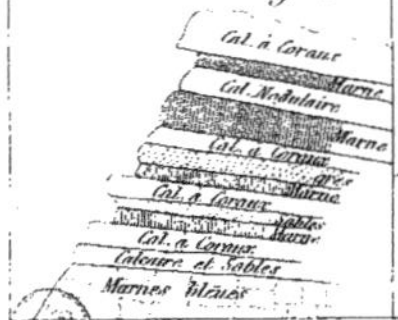

Coupe de Bassano jusqu'aux Alpes.

Fig. 5.

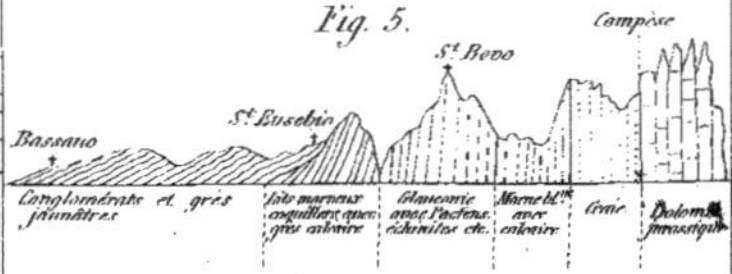

Terrain secondaire inférieur

Coupe prise a 15 milles au Sud de Stutgard.

Fig. 6.

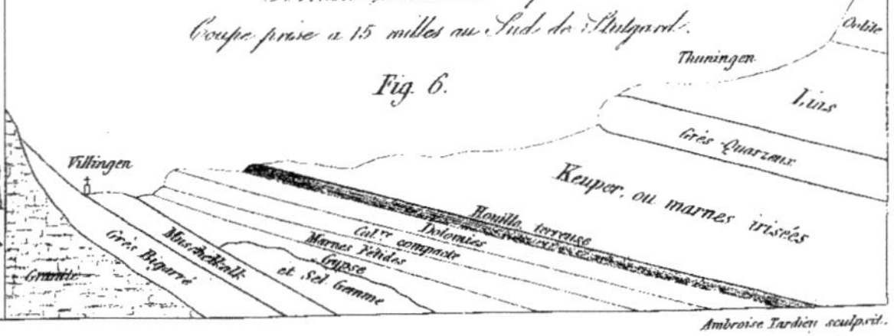

Rozet delineavit.

Ambroise Tardieu sculpsit.

Pl. IV.
CARTE
ET PROFILS GÉOGNOSTIQUES
DU BASSIN DU BAS BOULONNAIS,
Par Mr Rozet.
1828.

Dans ces Profils les rapports d'étendue n'ont point été observés.
Gravé par Pierre Tardieu

1. Helix *nemoralis*.
2. Ciclostoma *elegans*.
3. Planorbis *corneus*
4. Paludina *achatina*.
5. Melanopsis *buccinoides*
6. Bulimus *radiatus*.
7. Neritina *fluviatilis*.
8. Lymnea *palustris*.
9. idem *auricularis*.
10. Phisa *acuta*.
11. Succinea *amphibia*.
12. Melania *lactea*.
13. Auricula *nitens*.
14. Ampullaria *virens*.
15. Clitho *brevispinis*.
16. Potamis *lapidum*.
17. Voluta *lamberti*.
18. Ovula *spelta*.
19. Ancillaria *glandiformis*.
20. Cyprœa *pisolina*
21. Auricula *buccinea*.
22. Murex *tuberinaceus*.
23. Monodonta *araonis*.
24. Fissurella *græca*.
25. Terebra *plicaria*.
26. Buccinum *obliquatum*
27. Rostellaria *pes pelicani*.
28. Sigaretus *haliotideus*.
29. Strombus *fortisii*.
30. Turbo *rugosus*.
31. Caliptrea *deformis*.
32. Cyprœa *duclosiana*.
33. Oliva *clavula*.
34. Conus *mercati*.
35. Ranella *marginata*.
36. Pyrula *reticula*.
37. Triton *clatrathum*.
38. Delphinula *warnii*.
39. Phasianella *princeps*.
40. Trochus *elongatus*.
41. Nummulites *levigata*.
42. Dentalium *sexangulare*.

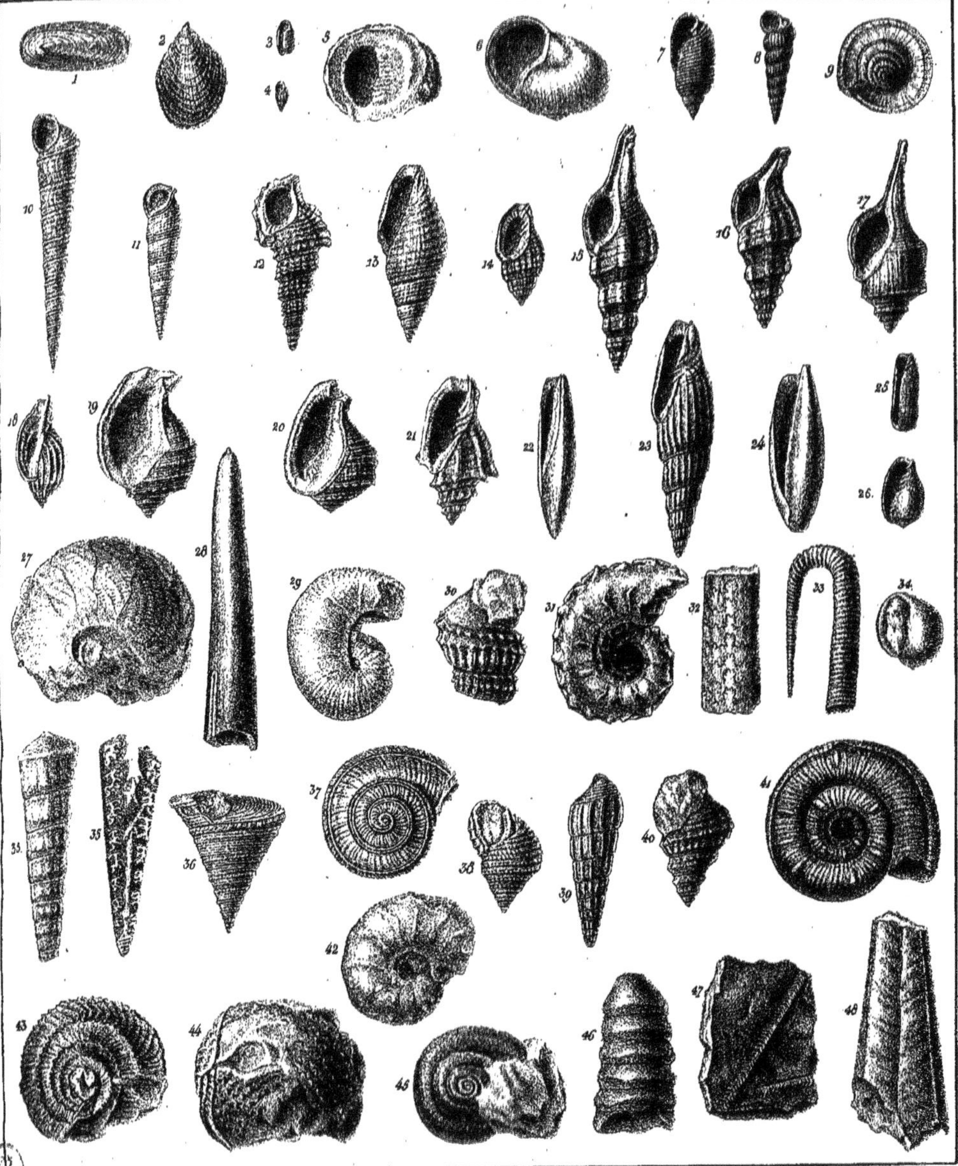

1. Armoph. *elongatus.*
2. Pileopsis *cornu-copiæ.*
3. Bulla *ovulata.*
4. Rissoa *turbinata.*
5. Nerita *granulosa.*
6. Natica *cepacea*
7. Tornatella *inflata*
8. Scalaria *decussata.*
9. Solarium *patulum.*
10. Turritella *imbricataria.*
11. Cerithium *nudum.*
12. idem, *hexagonum.*

13. Pleurotoma *filosa.*
14. Cancellaria *vanella*
15. Fasciolaria *byrlicata.*
16. Fusus *intortus.*
17. Fusus *scalaris.*
18. Harpa *mutica.*
19. Cassidaria *carinata.*
20. Cassis *cancellatus.*
21. Voluta *musicalis.*
22. Terebellum *fusiforme.*
23. Mitra *deluci.*
24. Seraphs *convolutum.*

25. Volvaria *bulloïdes.*
26. Marginella *ovulata.*
27. Nautilus *elegans.*
28. Belemnites *mucronatus*
29. Scaphites *equalis.*
30. Turrilites *costatus.*
31. Ammonites *inflatus.*
32. Baculites *anceps.*
33. Hamites *rotundus.*
34. Cassis *avelana*
35. Nerinea *tuberculosa.*
36. Pleurotomaria *elongata*

37. Pleurotomaria *ornata.*
38. Trochus *carinatus.* var.[t]
39. Melania *opposita.*
40. Turbo *ornatus*
41. Ammonites *davœi.*
42. idem *nodosus.*
43. Euomphalus *rugosus.*
44. Bellerophus *hiischi.*
45. Cirrus *rotundatus.*
46. Orthocera *annullata*
47. Graphtolites *sagittarius.*
48. Conularia *sowerbii.*

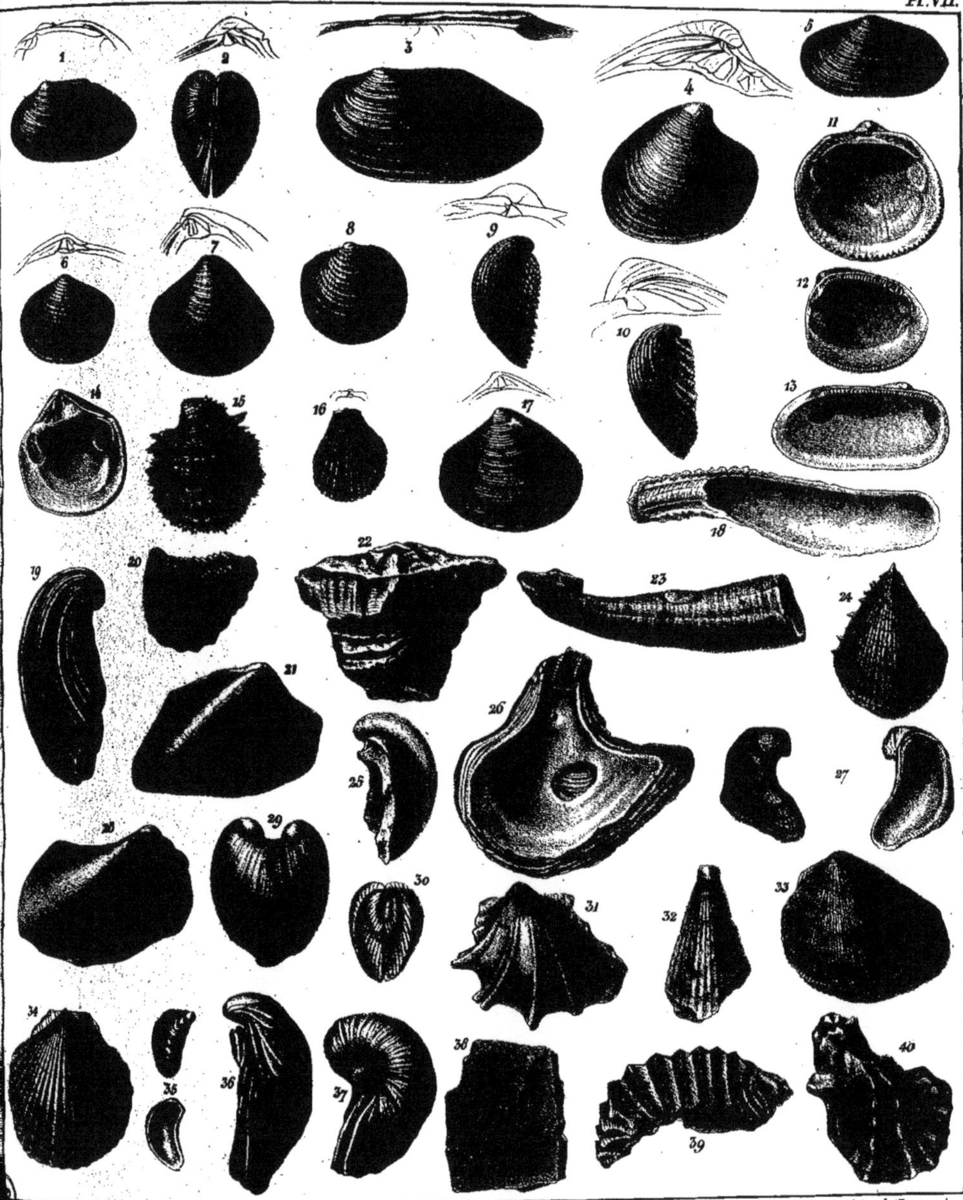

1. Unio *pictorum.*
2. Cyrena *fuscata.*
3. Anondonta *anatina.*
4. Cyprina *islandicoïdes.*
5. Tellina *bipartita.*
6. Corbis *lamellosa.*
7. Cytherea *semi-sulcata.*
8. Lucina *concentrica.*
9. Cardium *porulosum.*
10. Venericardia *mitilii.*
11. Pectunculus *pulvinatus.*
12. Nucula *marginata.*
13. Arva *scapulina.*
14. Crassatella *tumida.*
15. Chama *lamellosa.*
16. Lima *spathulata.*
17. Astarte *burtinii.*
18. Ostrea *elongata.*
19. Pecten *quinque costatus.*
20. Trigonia *scabra.*
21. Cucullea *carinata.*
22. Spherulites *foliacea.*
23. Hippurites *bioculata.*
24. Podopsis *truncata.*
25. Gryphœa *columba.*
26. Ostrea *Deltoïdea.*
27. Gryphœa *virgula.*
28. Pholadomia *pholadiformis.*
29. Isocardia *rostrata.*
30. Cardita *lunulata.*
31. Avicula *digitata.*
32. Pinna *sub quadrivalvis.*
33. Plagiostoma *punctatum.*
34. Pecten *æquivalvis.*
35. Ostrea *acuminata.*
36. Gryphœa *cymbium.*
37. Gryphœa *arcuata.*
38. Posidonia *hasina.*
39. Ostrea *diluviana.*
40. Ostrea *flabelloïdes.*

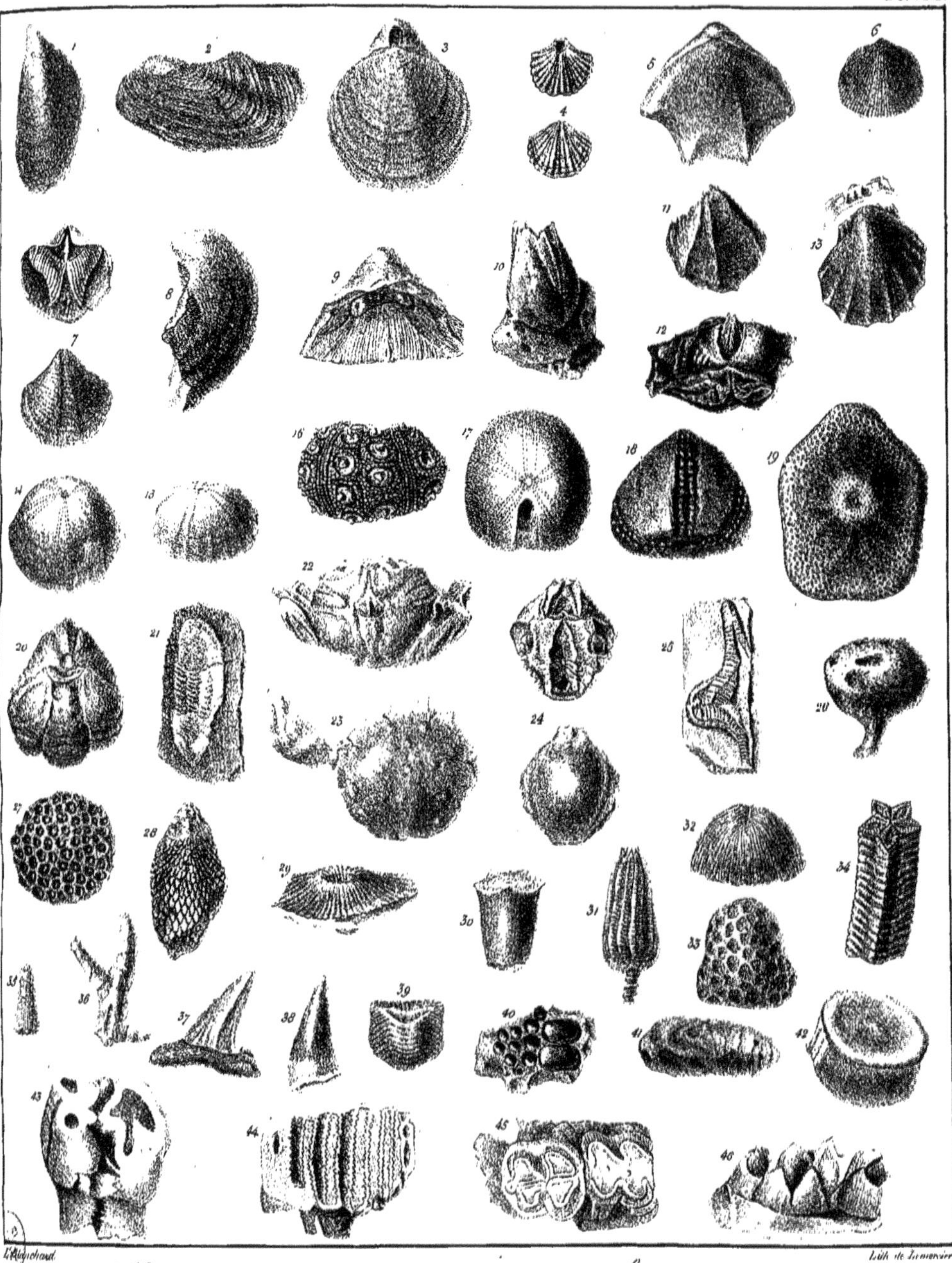

1. Mytulites *eduliformis*.
2. idem *socialis*.
3. Térébratula *obovata*.
4. idem *Menardii*.
5. idem *quadrifida*.
6. Strophomena *rugosa*.
7. Spirifer *lineatus*.
8. Productus *scabriculus*.
9. Calceola *sandalina*.
10. Balanus *roseus*.
11. Trigonelites

12. Histérolytes
13. Spondilus
14. Ananchites *ovata*.
15. Spatangus *subglobulosus*.
16. Cidarites *pseudo diadema*.
17. Nucleolites *scutata*.
18. Galérites *vulgaris*.
19. Clipeaster *altus*
20. Calymene *tristani*.
21. Ogigia *guettardi*.
22. Gonoplax *latreilli*.
23. Cancer *punctulatus*

24. Leucosia *cranularis*.
25. Asterias *quinqueloba*.
26. Siphonia *pyriformis*.
27. Manon *favosum*.
28. Calamopora *polymorpha*.
29. Cyathophillum *helianthoides*
30. Apiocrinites *rotundus*.
31. Encrinites *filiformis*.
32. Fungia *polymorpha*.
33. Astrea *muricata*.
34. Pentacrinus *caput medusæ*.
35. Turbinolia *sulcata*.

36. Terebellaria
37. Dent de Squale
38. Dent de Crocodile
39. Palais de Poisson
40. Mâchoire de Poisson.
41. Coprolites
42. Vertèbre d'Ichthyosaure
43. Dent de Mastodonte
44. Dent d'Eléphant
45. Dent de Rhinocéros
46. id. de Palæotherium.

N
MER
MER
Sidi Fejroud
COLÉA
Ouad-jer
PLAINE
les Chelif R.
Route T
Hoysch de l'Aga
Mouzaïa
Tenia
Col de Tenia
Oliviers de Rebauduara
Nador
MÉDÉIA
Ahr

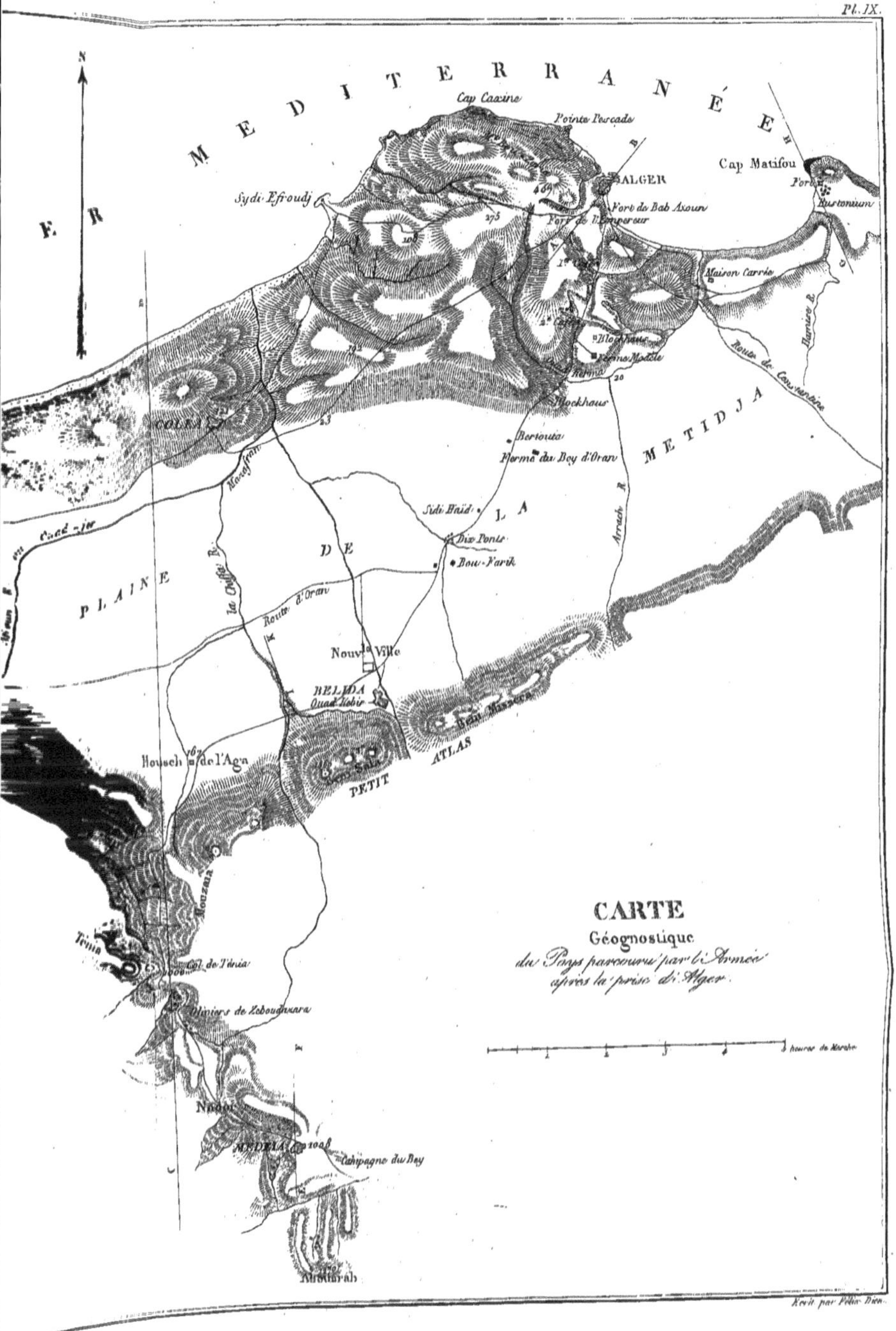

MÉDITERRANÉE

Cap Caxine
Pointe Pescade
ALGER
Cap Matifou
Fort
Rustonium
Sydi-Ferroudj
Fort de Bab Azoun
Fort de l'Empereur
Maison Carrée
Blockhaus
Ferme Modèle
Blockhaus
Route de Constantine
Harrach R.
COLEAH
Bertouta
Ferme du Bey d'Oran
METIDJA
Mazafran R.
Sidi Haïd
LA
DE
Dix Ponts
Bou-Farik
Oued-z.r
Route d'Oran
Arrach R.
PLAINE
le Chiffa R.
Nouv.lle Ville
BELIDA
Oued-Kebir
Beni Mazora
GRAND
Housch a de l'Aga
PETIT
ATLAS
Kouassa
Ténia
Col de Ténia
Oliviers de Zchoughxara
Nador
MÉDELA 1008
Campagne du Bey
Mouzaïah

CARTE
Géognostique
du Pays parcouru par l'Armée
après la prise d'Alger

3 heures de Marche

Écrit par Félix Rion.

Fig. 1
Fort de l'Empereur
ALGER
A
B
Fig. 2
Vallée de Médéya
Nador
Théuia
Mouzaïa
Grès et Sable
Marne bleue
Tidone de Cuivre
Pointe de l'Ago
C
Fig. 3
Médéya
Grès et Sable
E
F
Fig. 3
Cailloux et autres débris
Marne Argileuse
I
K
1 Feldspath Micacé
2 Veines d'Anthracite
Cap Matifou
Fort
Fig. 4
Rustonium
N
H

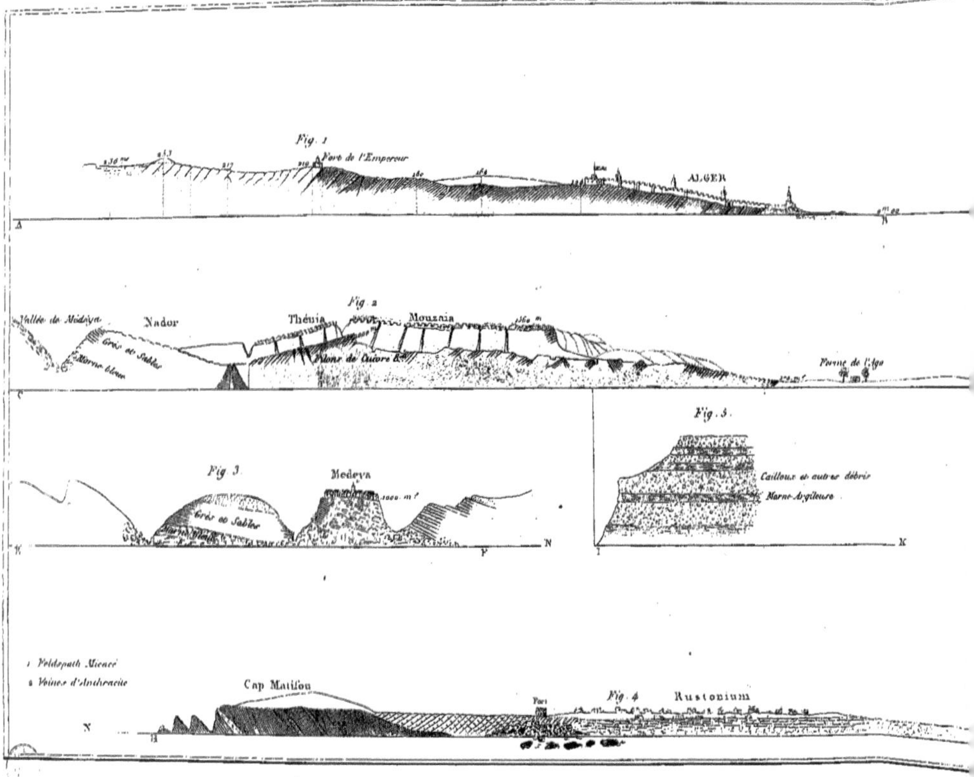

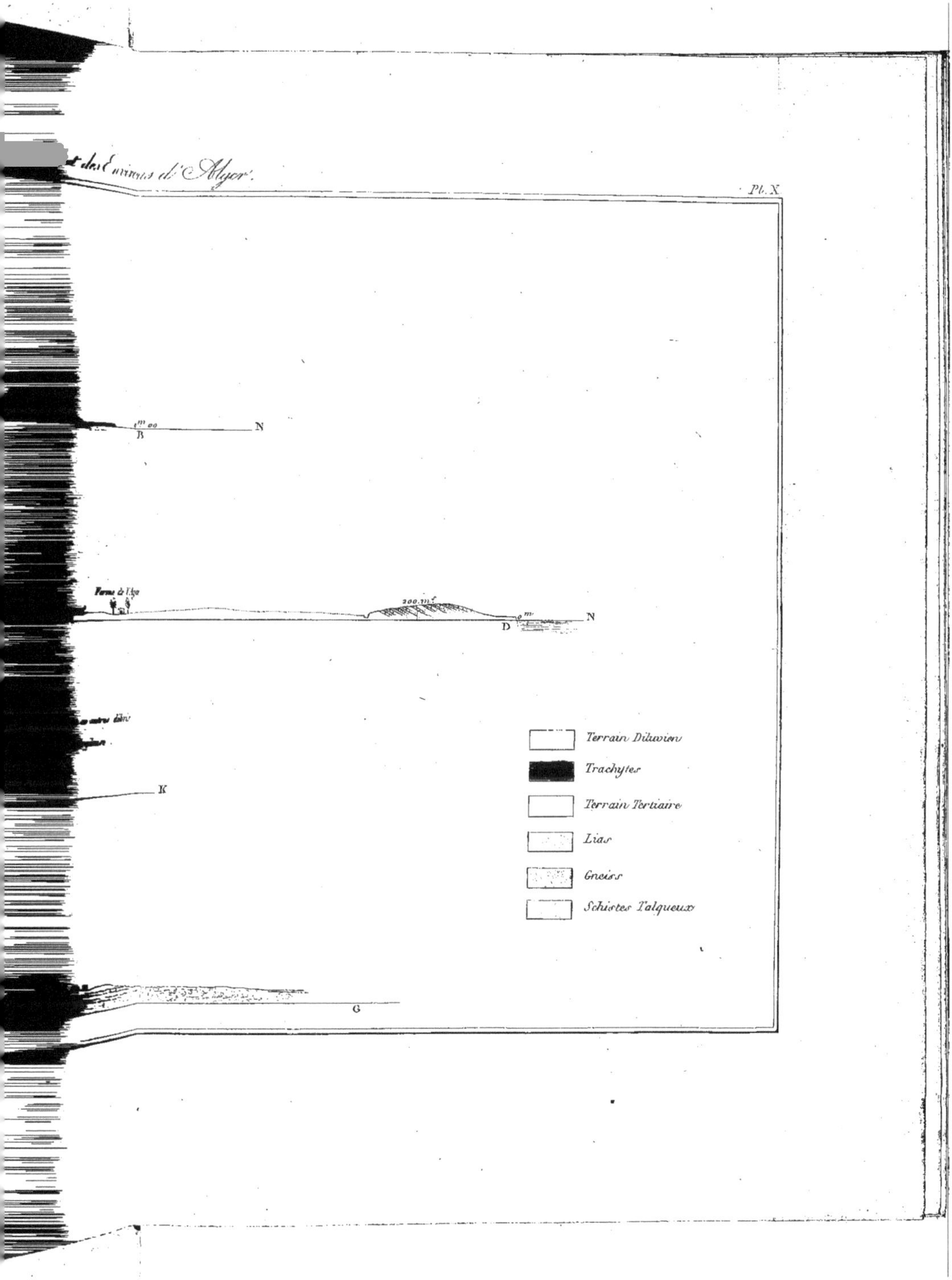

Pl. X

N

B

Ferme de l'Oça

200.m.

D

N

K

G

Terrain Diluvien

Trachytes

Terrain Tertiaire

Lias

Gneiss

Schistes Talqueux

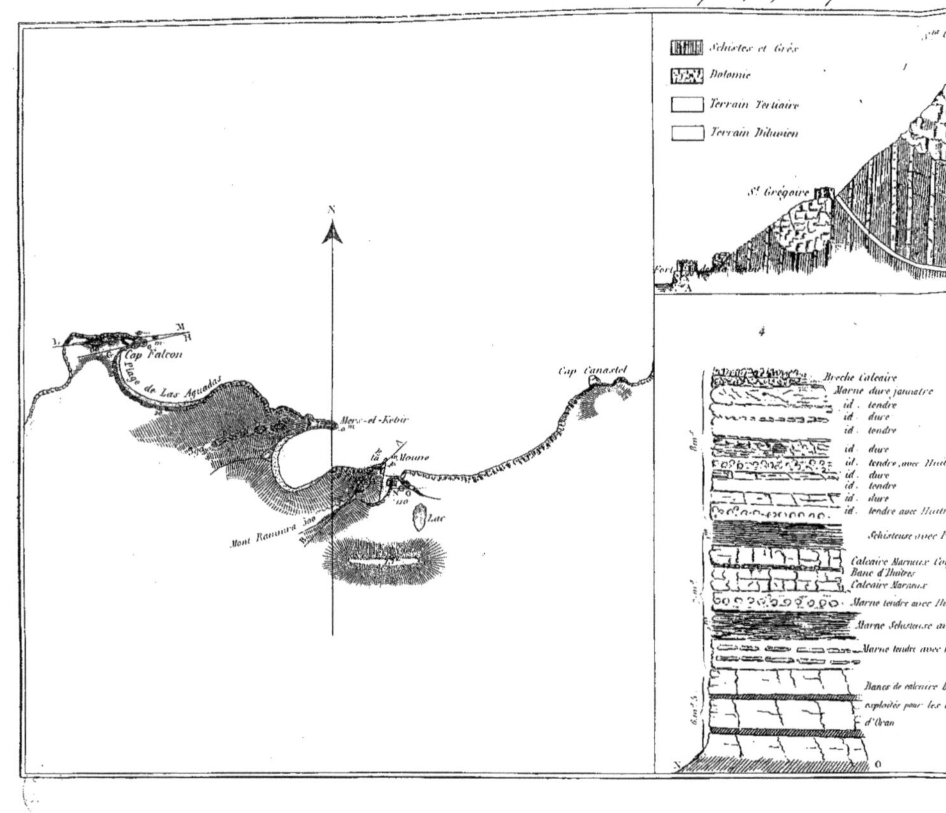

Carte et Coupes Géognostiques des Env...
Schistes et Grés
Dolomie
Terrain Tertiaire
Terrain Diluvien
St Grégoire
Fort de
A
N
Cap Falcon
M
H
Plage de Las Aguadas
Cap Canastel
Mers-el-Kebir
la Moune
Lac
Mont Raounira 300
4
Breche Calcaire
Marne dure jaunatre
id . tendre
id . dure
id . tendre
id . dure
id . tendre avec Huitre
id . dure
id . tendre
id . dure
id . tendre avec Huitres
Schisteuse avec Pou
Calcaire Marneux Coqu
Banc d'Huitres
Calcaire Marneux
Marne tendre avec Huit
Marne Schisteuse avec
Marne tendre avec no
Bancs de calcaire bla
exploités pour les co
d'Oran

Sta Cruz

1

2

3

5

6

7

8

C D E F G H I K L M P Q

Brèche calcaire
Marne dure jaunâtre
id. tendre
id. dure
id. tendre
id. dure
id. tendre, avec Huitres etc.
id. dure
id. tendre
id. dure
id. tendre avec Huitres etc.

Schisteux avec Poissons

Calcaire Marneux Coquiller
Banc d'Huitres
Calcaire Marneux

Marne tendre avec Huitres

Marne Schisteuse avec Poissons

Marne tendre avec nodules calcaires

Bancs de Calcaire blanc
exploités par les constructions
d'Oran

Brèche composée de
fragmens de Schiste,
Dolomie, Gres et
Calcaire, avec Peignes
et grandes Huitres

Marne jaune friable
Marne bleue
Sub Atlantique

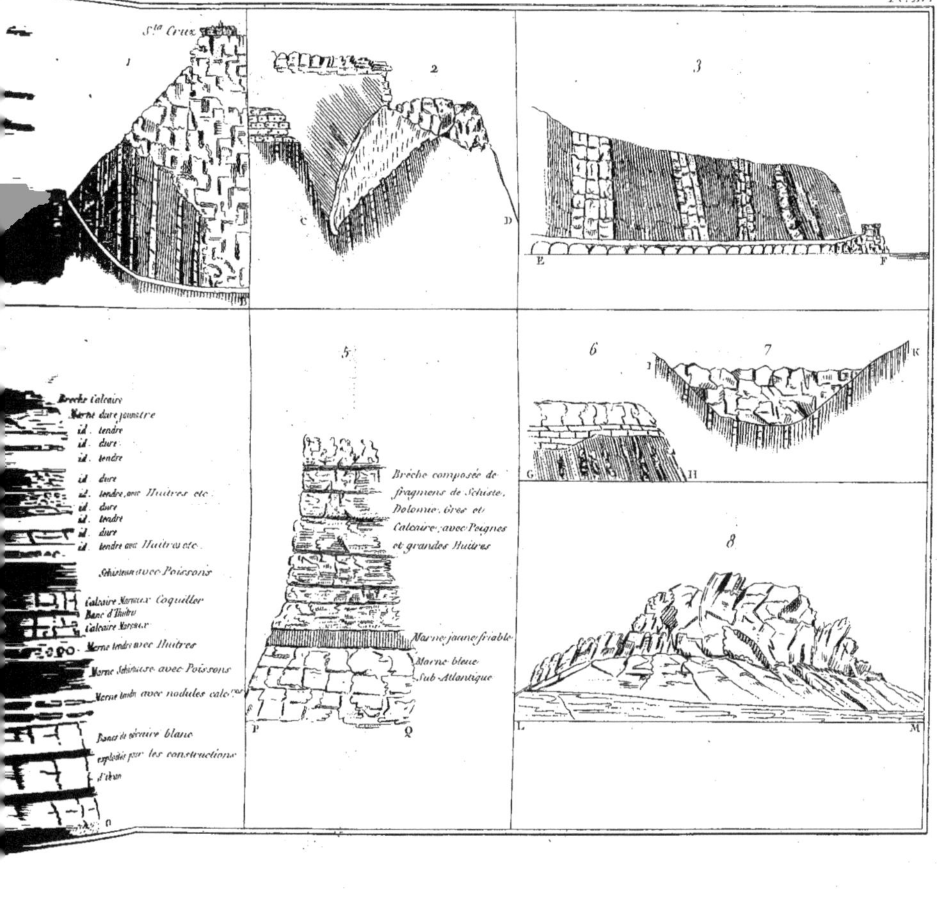

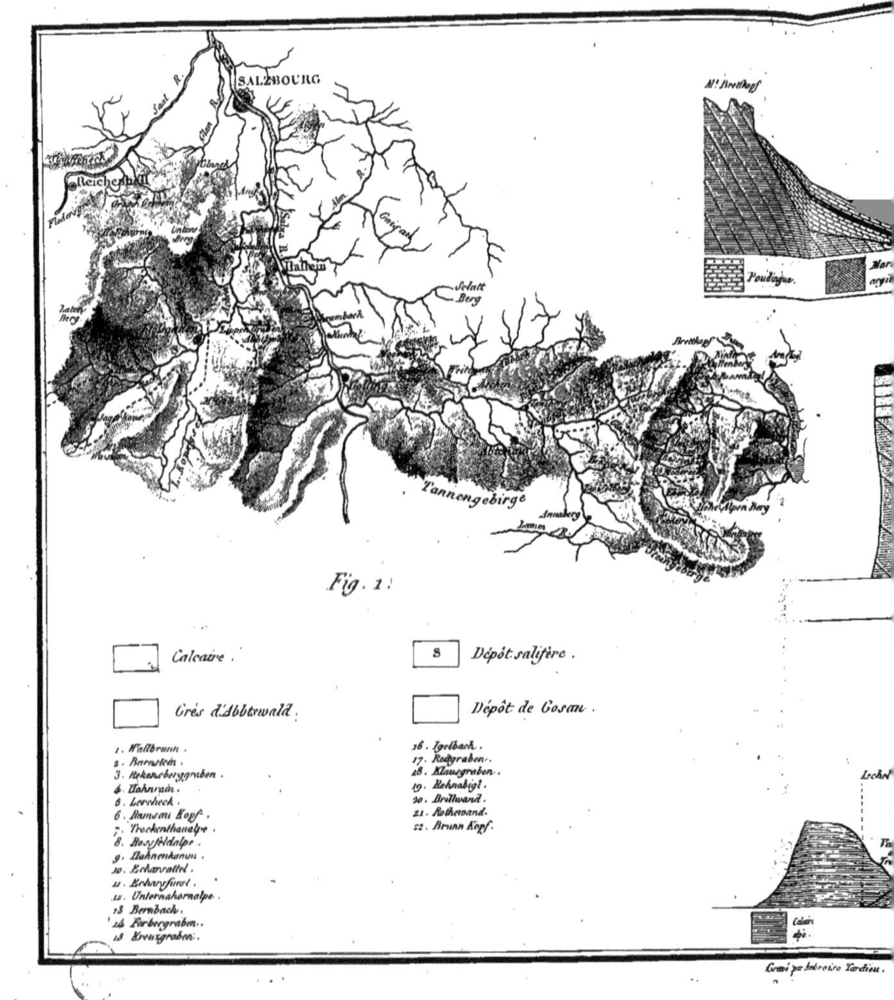

SALZBOURG
Reichenhall
Hallein
Golling
Tannengebirge
Annaberg
Fig. 1.
Calcaire.
Grés d'Abbtswald.
S Dépôt salifère.
Dépôt de Gosau.
1. Wallbrunn.
2. Barnstein.
3. Rekensberggraben.
4. Uahnrau.
5. Lercheck.
6. Ramsau Kopf.
7. Trockenthaualpe.
8. Rossfeldalpe.
9. Uahnenkamm.
10. Eckarvattel.
11. Eckarsfürst.
12. Unternahornalpe.
13. Bernbach.
14. Ferbergraben.
15. Kreuzgraben.
16. Igelbach.
17. Rodtgraben.
18. Klausgraben.
19. Rehnabigl.
20. Brittwand.
21. Rothewand.
22. Brunn Kopf.
Mt. Brettkopf
Poudingue.
Marne argileuse
Gravé par Ambroise Tardieu.

Pl. XII. 
Fig. 2. 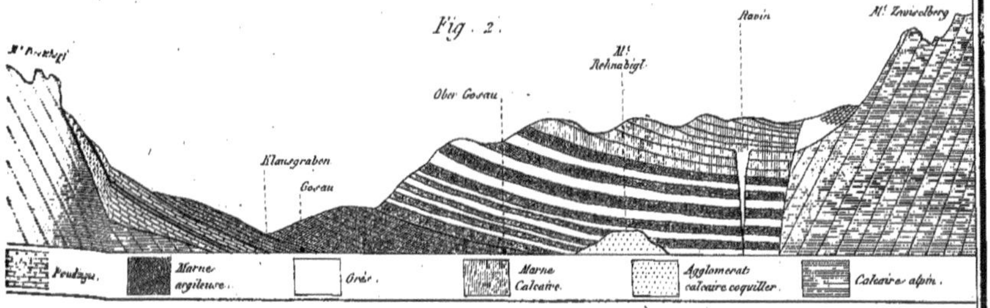
Mt Dachkogl
Mt Zwieselberg
Ravin
Mt Rehnadigl
Ober Gosau
Klausgraben
Gosau
Poudingue.
Marne argileuse.
Grès.
Marne Calcaire.
Agglomérat calcaire coquiller
Calcaire alpin.
Fig. 4. 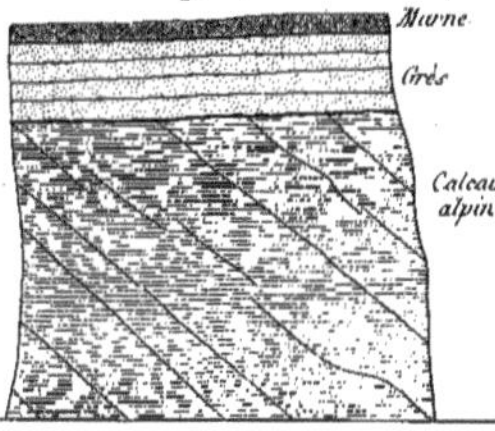
Marne
Grès
Calcaire alpin
Fig. 5. 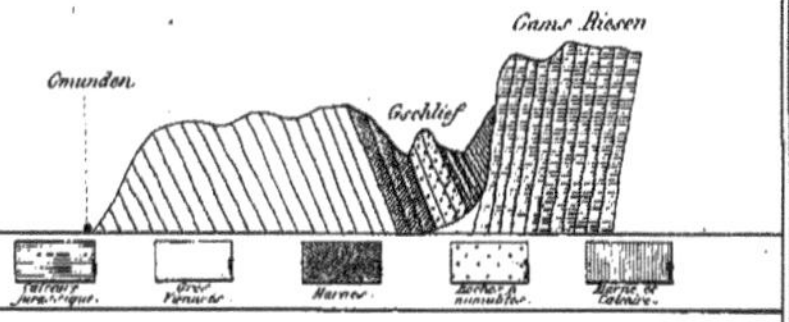
Gams Riesen
Omunden
Geschlief
Calcaire jurassique.
Grès vénetre.
Marnes.
Roches à nummulites.
Marne de Calcaire.
Fig. 3.
Ste Agatha
Potscherwand
Sandling
Leislengkogl
Rosenkogl
Goisseen
Zechel
Vallée de Traun
Ross moos
Alt Aussee
Pfinsberg
Calc. alp.
Grès.
Sol.
Gravé p.r Ambroise Tardieu.

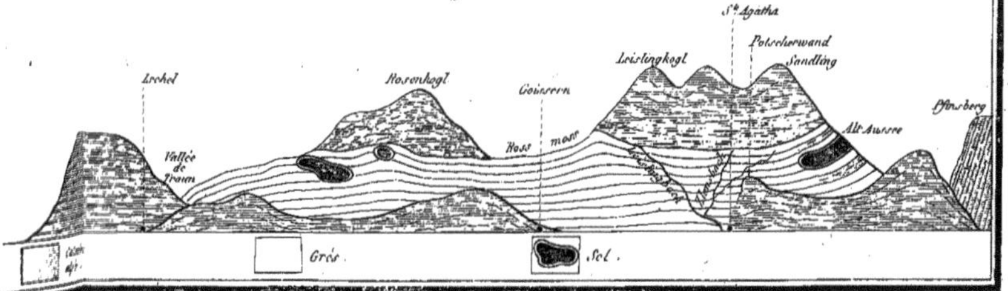

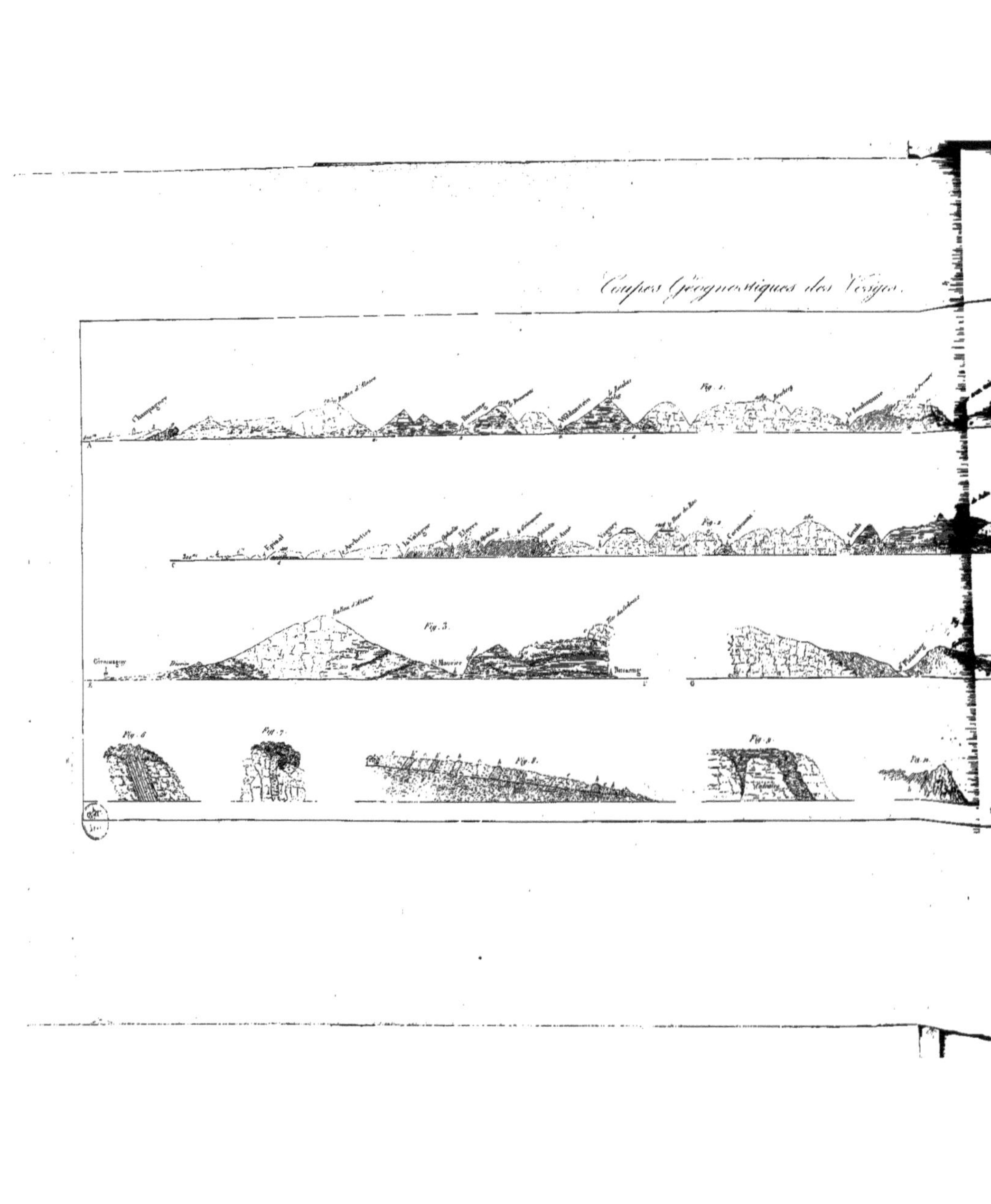

Coupes Géognostiques des Vosges.

PL. XIII.

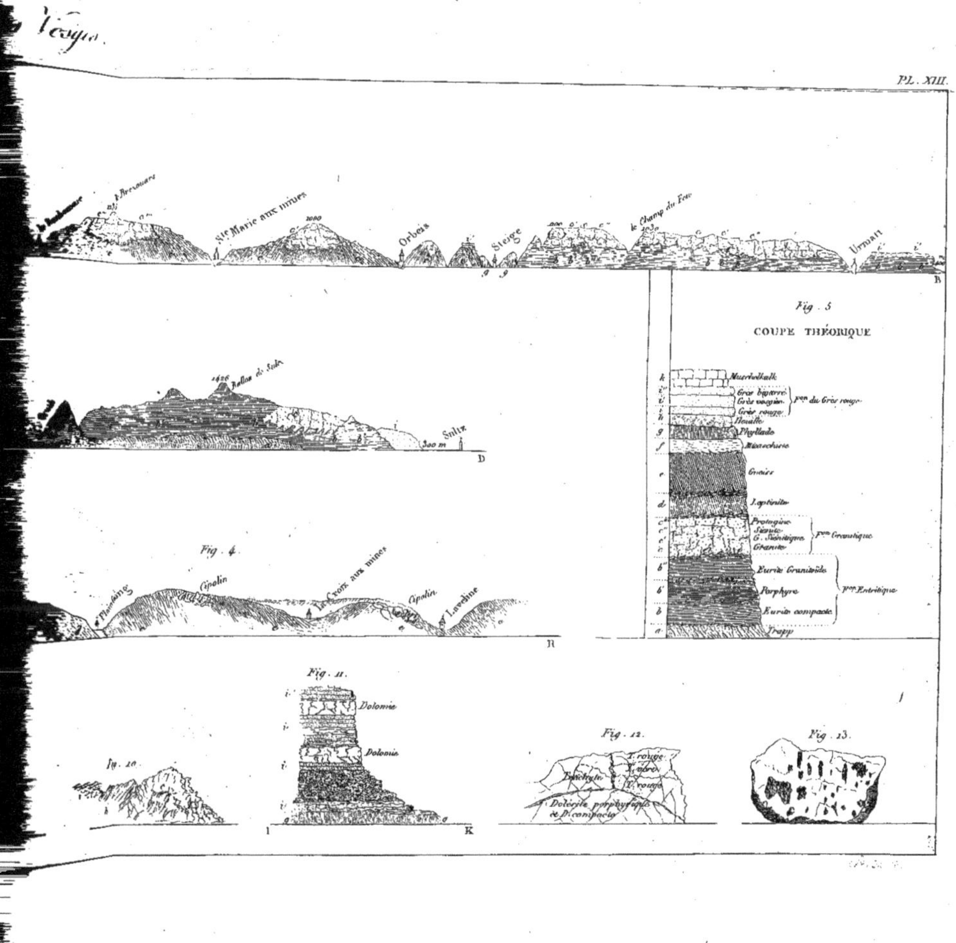

Brezouard — Ste Marie aux mines — 1090 — Orbeis — Steige — le Champ du Feu — Urmatt — B

1426 Ballon de Soltz — Soltz — 300 m — D

Fig. 4.

Framberge — Cipolin — La Croix aux mines — Cipolin — Lavehne — H

Fig. 5

COUPE THÉORIQUE

k	Muschelkalk	
i	Grès bigarré	
i'	Grès vosgien	F^on du Grès rouge
h	Grès rouge	
	Houille	
g	Phyllade	
f	Mixachiste	
e	Gneiss	
d	Leptinite	
c''	Protogine	
c'	Syénite	
c	G. Schistique	F^on Granitique
	Granite	
b''	Eurite Granitoïde	
b'	Porphyre	F^on Eruptique
b	Eurite compacte	
a	Trapp	

Fig. 11.
Dolomie
Dolomie
I — K

Fig. 10.

Fig. 12.
Eurikyte — T. rouge — T. verte — T. rouge
Dolérite porphyrique & D^r compacte

Fig. 13.

PL. XIV.
Fig. 3. 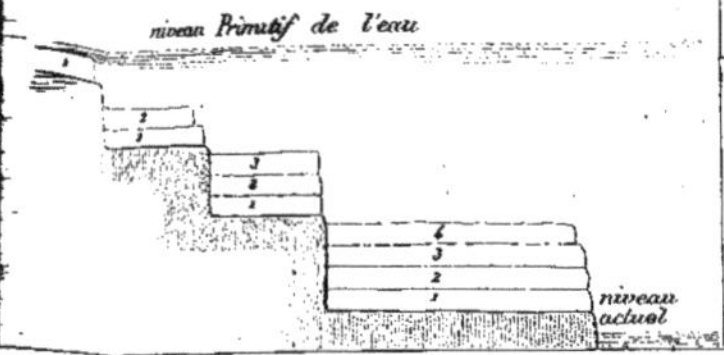
niveau Primitif de l'eau
niveau actuel
Fig. 4. 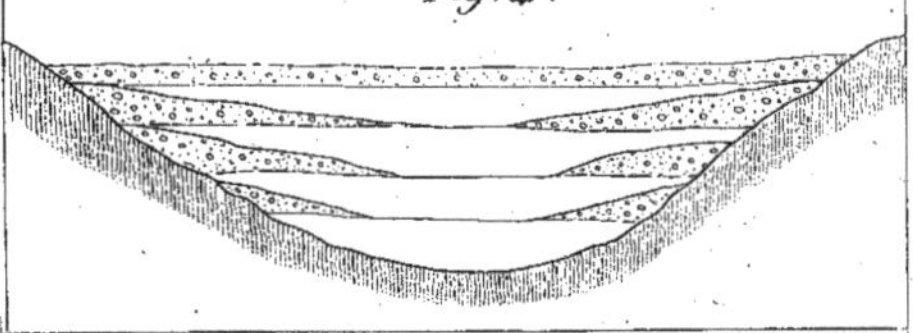
Fig. 6. 
Santorin
Fig. 7. 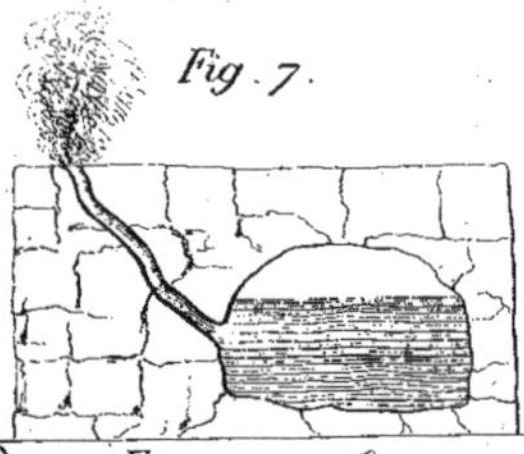
Fig. 8. 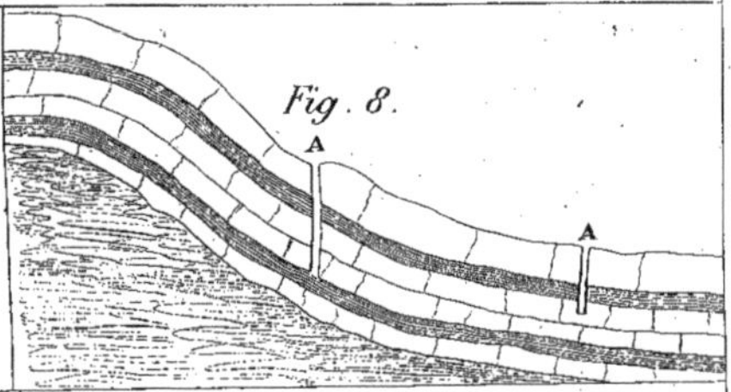
A
A
Fig. 11. 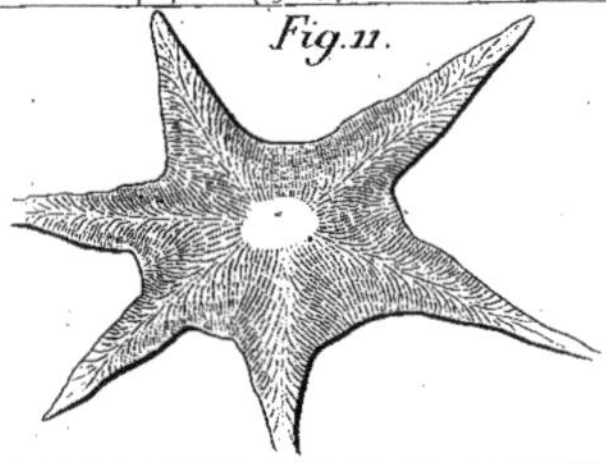
Fig. 12. 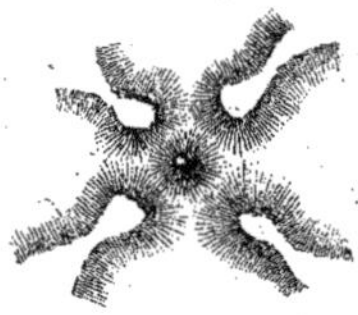
Fig. 15. 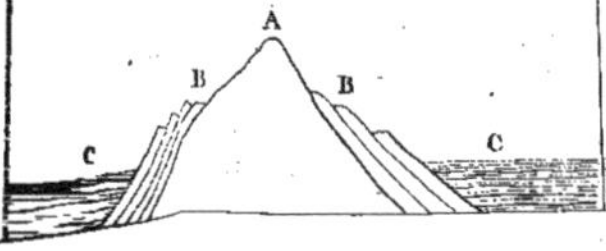
A
B
B
C
C
Fig. 16. 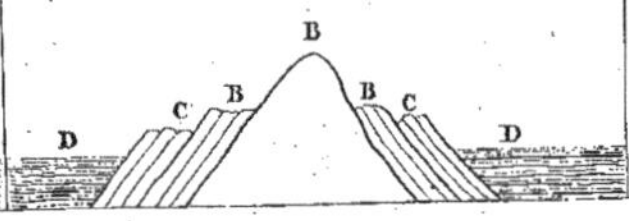
B
D
C
B
C
D
Fig. 17.
Pole
A. De Lapierre Sculp.

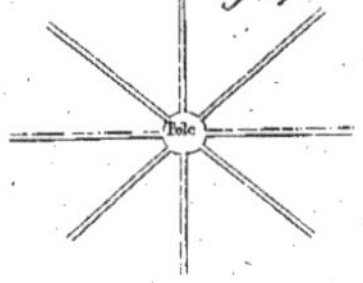

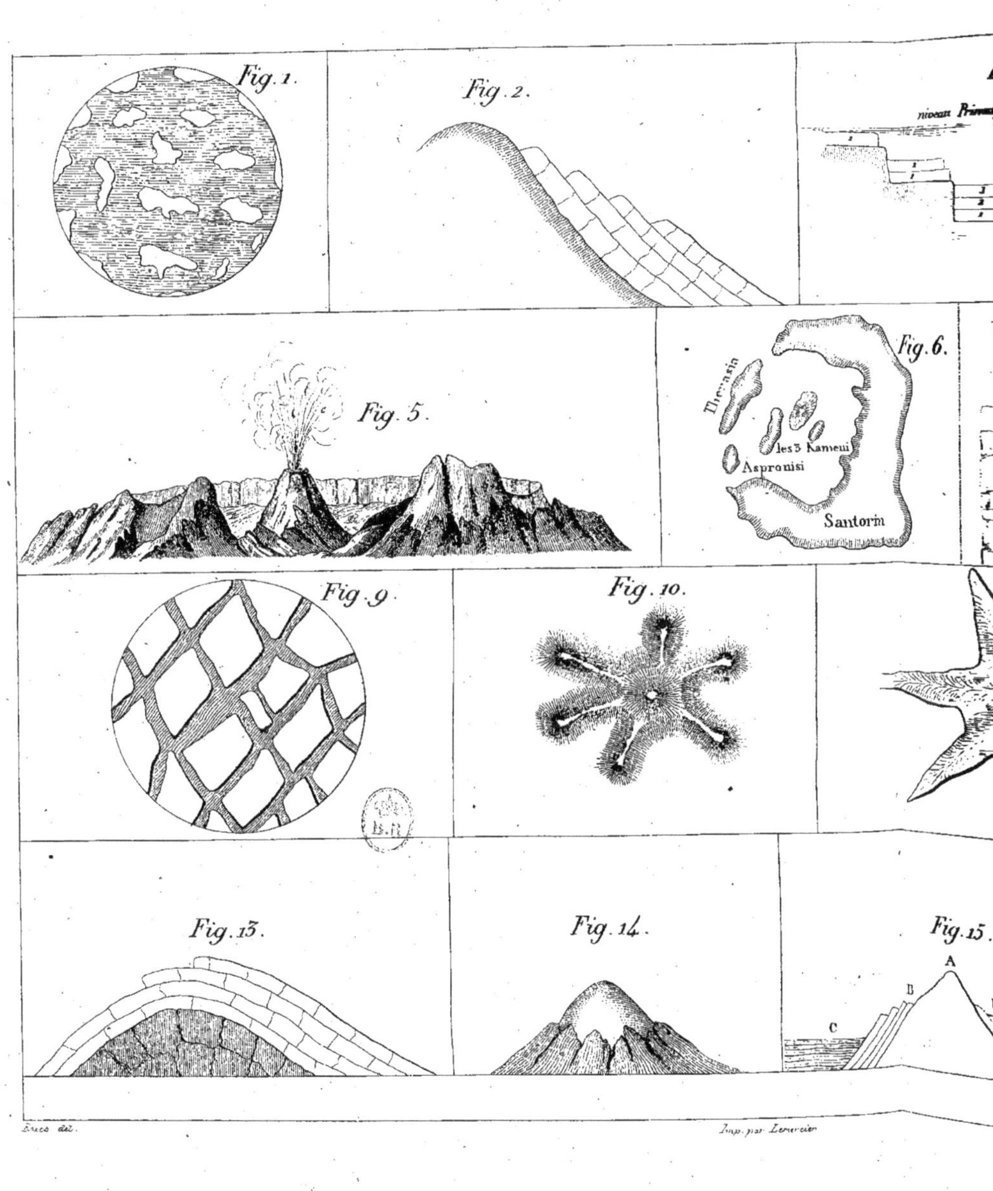

Fig. 1.
Fig. 2.
niveau Primitif
Fig. 5.
Fig. 6.
Thérasia
les 3 Kameni
Aspronisi
Santorin
Fig. 9.
Fig. 10.
Fig. 13.
Fig. 14.
Fig. 15.
A
B
C
Erecs del.
Imp. par Lemercier

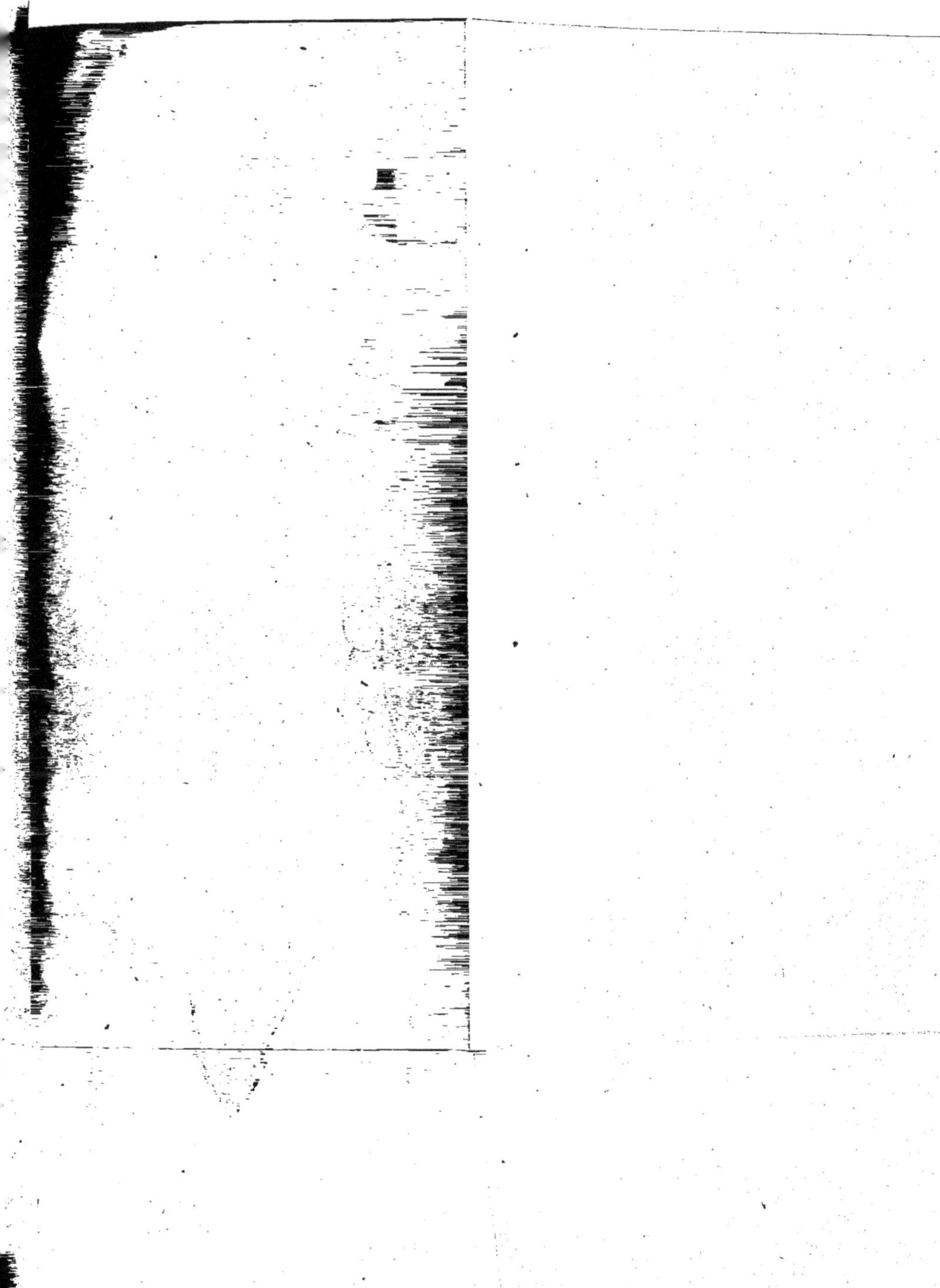

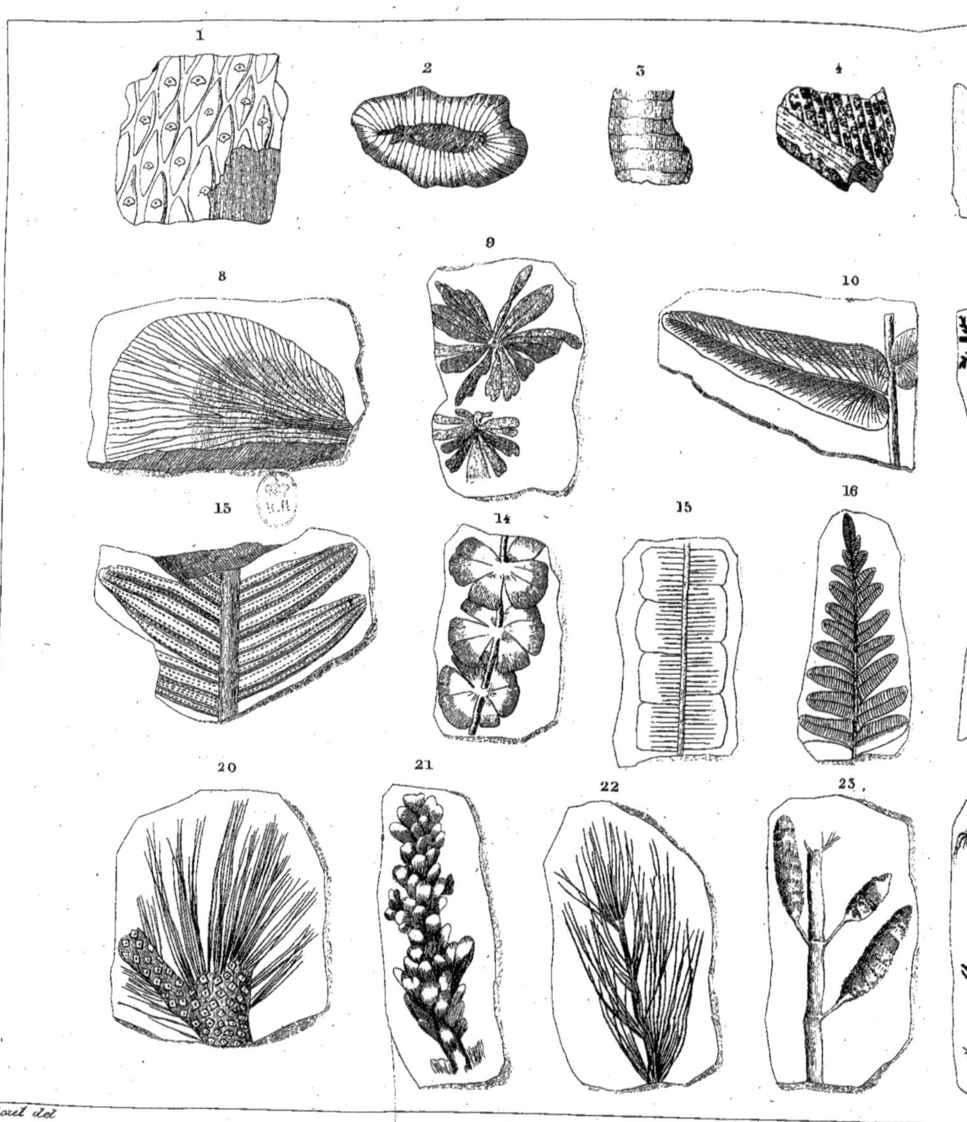

Rozel del.

Imp. lith. de Lemercier

1 Lepidodendron *obovatum*
2 Calamitea *striata*
3 Calamites *suckowii*
4 Sigillaria *oculta*

5 Sigillaria *sulcatum*
6 Sigillaria *hexagona*
7 Odontopteris *schlotheimii*
8 Cyclopteris *orbicularis*
9 Annularia *fertilis*

10 Nevropteris *tenuifolia*
11 Sphenopteris *elegans*
12 Nœggerathia *foliosa*
13 Nilsonia *brevis*

14 Sphœnophy...
15 Pterophyllu...
16 Pecopteris
17 Mamillaria

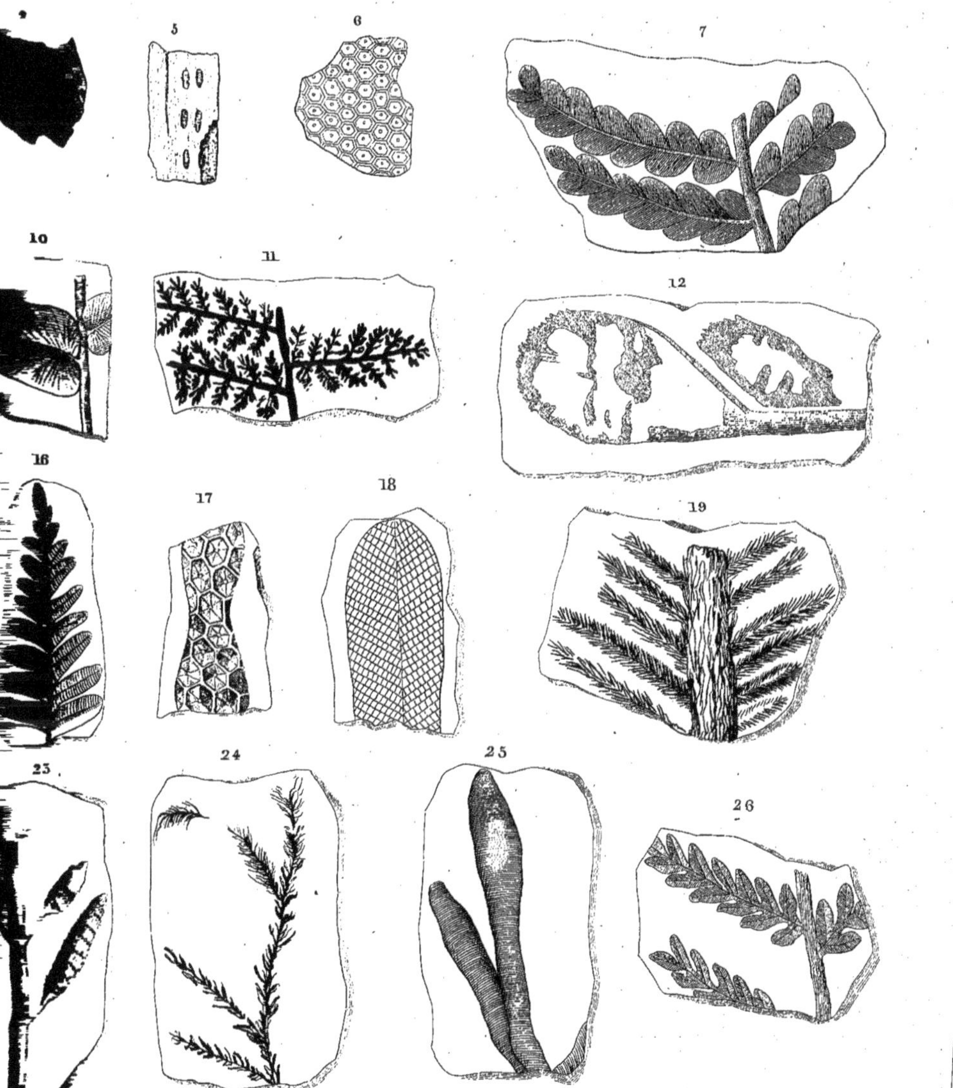

14 Sphœnophyllum *emarginatum*	18 Clatropteris *meniscioides*	23 Volkamannia *polystachya*
15 Pterophyllum *minus*	19 Lepidodendron *sternbergii*	24 Cystoscirites *nutans*
16 Pecopteris *aquilina*	20 Lycopodites *pinnatus*	25 Fucoïdes *ercalioides*
17 Mamillaria *desnoyersii*	21 Cupressites *ulmanni*	26 Pachypteris *ovata*
	22 Asterophyllites *rigida*	

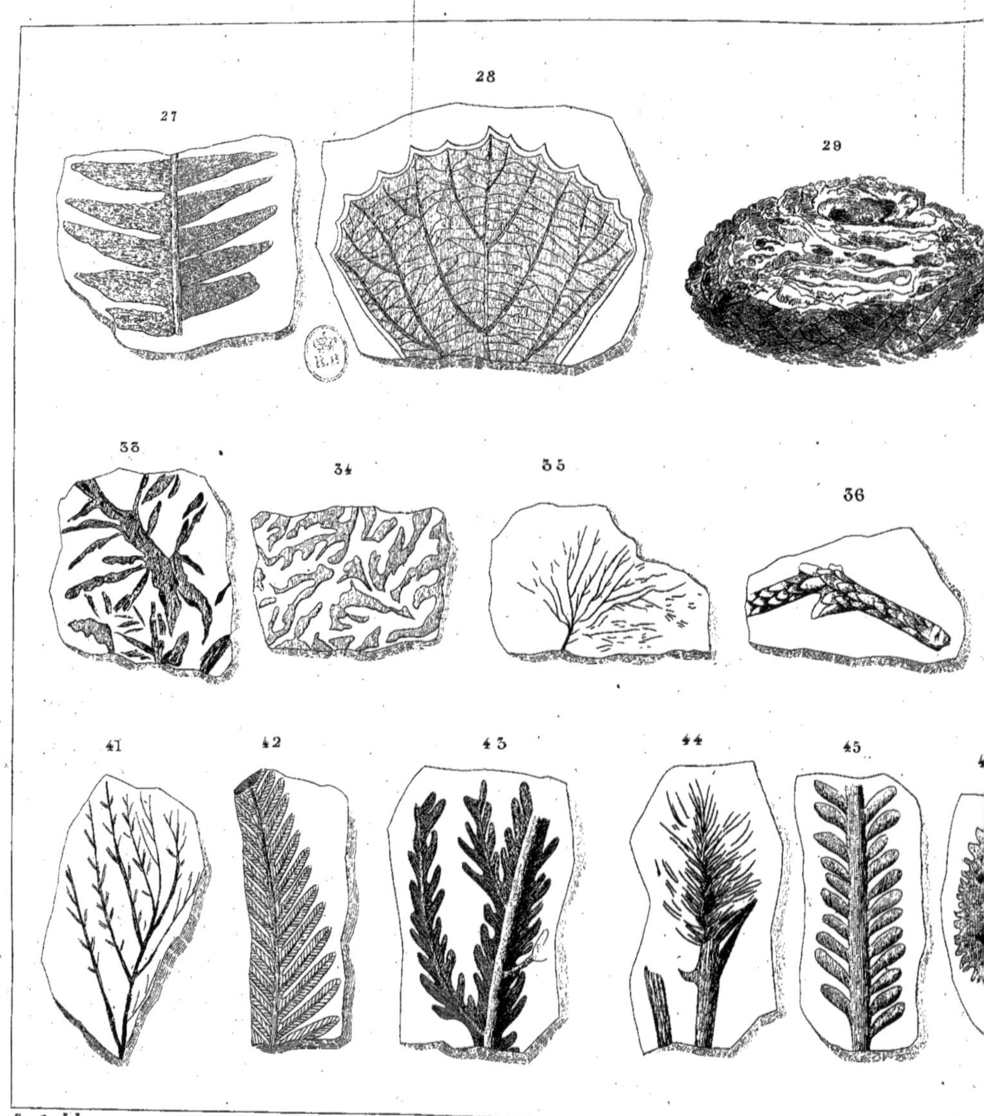

Rozet del.

Imp. lith. de Lemer..

27 Cicadée
28 Dicotyledone
29 Mantellia *megalophylla*
30 Fougère

31 Fucoides *targionii*
32 Baliostichus *ornatus*
33 Cystoseirites *partschi*
34 Sphærococcites *granulatus*

35 Fucoïdes *intricatus*
36 Caulerpites *colubrium*
37 Anomiopteris *mougeotii*
38 Confervites *fasciculata*

39 Zamia
40 Convall..
41 Sphenop..
42 Pecopter..

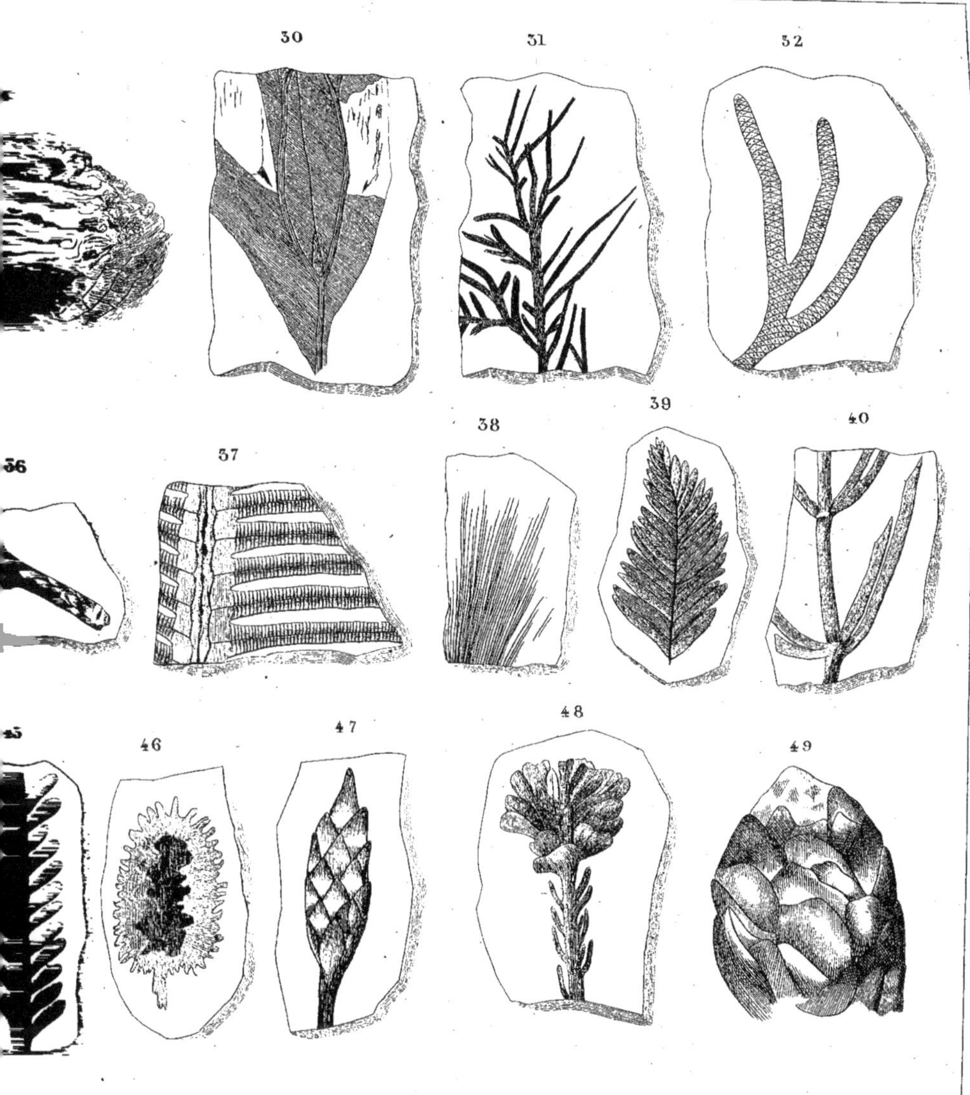

<table>
<tr><td>39</td><td>Zamia pectiniformis</td><td>43</td><td>Voltzia brevifolia</td><td>47</td><td>Palœoxiris regularis</td></tr>
<tr><td>40</td><td>Convallarites erecta</td><td>44</td><td>Œthophyllum stipulare</td><td>48</td><td>Voltzia brevifolia (sa fructification)</td></tr>
<tr><td>41</td><td>Sphenopteris mantelli</td><td>45</td><td>Felicites scolopendroides</td><td>49</td><td>Bucklandia squamosa</td></tr>
<tr><td>42</td><td>Pecopteris reichiana</td><td>46</td><td>Echinostachys oblonga</td><td></td><td></td></tr>
</table>